阿方斯爷爷

阿方斯·卡耶泰爷爷是一位疯狂的科学家和自行车骑行爱好者。他很少谈论自己的发明，但总是会在不经意间透露细微的线索，让我们对他当前的工作或正在准备的计划加以推测。比如说，你注意到爷爷自行车后座上的那块界石了吗?

"不要!"妮可看到爷爷带着界石飞驰，急得都要哭了，"爷爷这样很危险，他不容易刹住车子!"

狗狗小德也加入了进来，让紧张的局面更加混乱。小德认出了那块它最喜欢的树林边的界石，因为差不多每次去树林，它都会在上面留下印记。小德在闻到熟悉的气味后开始摇尾巴，然后跟在爷爷的自行车后面跑进了储藏室。

不得不说爷爷很擅长"摔跤"。就在险些从车把上方飞出去之前，他准确地计算出了一条抛物线，让自己安然落地。

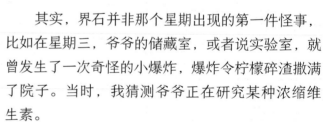

其实，界石并非那个星期出现的第一件怪事，比如在星期三，爷爷的储藏室，或者说实验室，就曾发生了一次奇怪的小爆炸，爆炸令柠檬碎渣撒满了院子。当时，我猜测爷爷正在研究某种浓缩维生素。

甚至母鸡也对院子里撒落的柠檬屑感到惊讶，它们可能不习惯突然送到嘴边的大量食物。我在坐下来吃我的煎蛋早餐时仍然有些惊魂未定，我想要努力忘掉柠檬轰炸之后的惨烈景象。

我们要开始一次探险啦!

好的，爷爷……

那阵子，爷爷一直往回拖奇奇怪怪的东西，然后迅速将这些东西变成零零碎碎的发明——他肯定正在实施什么计划。有一天早上，我们发现了门上贴着的纸条，我们的预测得到了证实。

不要忘了带上你们的泳衣和保暖的衣服。好好听奶奶说完话，无论她说什么都点头表示同意。打包一份午餐，不用担心太多吃不完，我们可以把剩下的留给小德。

马丁　阿朗　妮可

小德

早餐后，爷爷在房子前面等着我们，他正坐在一辆小卡车的驾驶席上。突然，发动机起动了，排气管时不时发出爆裂声。卡车的车厢里放着几个木板箱。

我们爬进了驾驶室，然后开始七嘴八舌地向爷爷提问，询问这次探险的目的地。但是，除了骑自行车飞驰，爷爷最喜欢什么一直是个谜，这次我们也一无所获。卡车开了很长时间，一直来到了法国北方的海岸线。当我们到达迪耶普港时，天已经彻底黑了。

我们朝码头驶去，停在了一个大木棚前面。那是一个船库，爷爷打开了金属门，里面漆黑一片，海面上也看不到任何帆或船体的影子。我们就这样茫然地站在海边，望着幽暗的海面，这感觉很荒谬。

突然，小德的叫声打破了黑暗船库的寂静，妮可尖叫了起来！一艘返回港口的渔船靠近了我们，桅杆上的灯照亮了水面，原来距离我们只有几米的海中，正停泊着一艘潜艇！

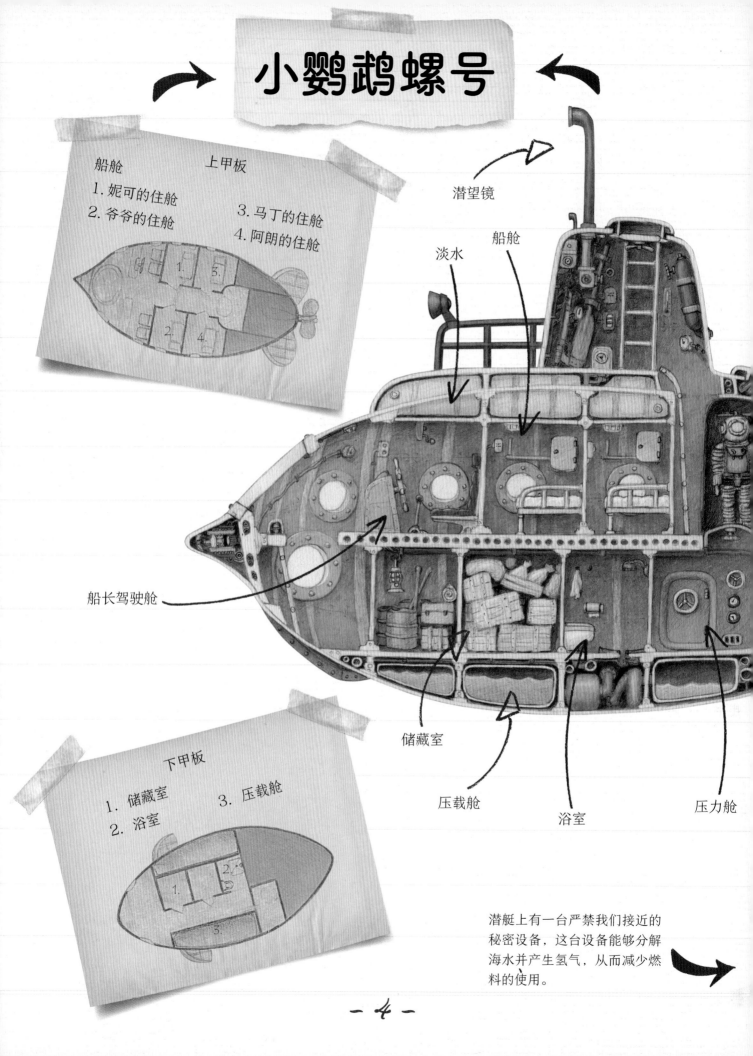

小鹦鹉螺号

船舱　　　　　上甲板
1. 妮可的住舱
2. 爷爷的住舱
3. 马丁的住舱
4. 阿朗的住舱

潜望镜

淡水

船舱

船长驾驶舱

储藏室

压载舱

浴室

压力舱

下甲板
1. 储藏室
2. 浴室
3. 压载舱

潜艇上有一台严禁我们接近的秘密设备，这台设备能够分解海水并产生氢气，从而减少燃料的使用。

我们登上了潜艇，在港口度过了第一个夜晚。爷爷提议我们晚上就出发，宣称夜间航海将带给我们终生难忘的经历，但妮可极力反对，并引用了奶奶和我们语文老师的话来论证夜航的危险性。不过，我很纳闷，语文老师什么时候成了一名潜艇专家？乘坐潜艇的旅行想想都让我激动，我急切盼望着第二天的到来。明天一早，我们就要离开港口启程了！

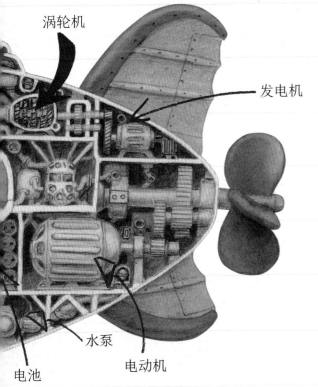

救生艇

涡轮机

发电机

水泵

电池

电动机

潜艇配有引力子。我们曾在飞机中用过这种物质，但它在飞机和潜艇中的用途不一样。当然，潜艇还配了一架阿方斯镜——一种兼具望远镜和X射线功能的独特仪器。在接下来的日子，我将通过日志介绍这些发明的更多使用信息。

现在，我们知道了界石的用途：全球唯一且小德专属的冲水马桶。

怪物

跟妮可相处久了，我们逐渐习惯了她的尖叫。离开港口时，我们的耳膜还是受到了让人抓狂的可怕尖叫声的攻击。当然，在场每个人都激动得几乎喘不过气来，不只是妮可！小德趴在椅子下方，低声呜咽着。这是怎么回事儿？我们面前的屏幕上出现了一头真正可怕的怪物。用个不太恰当的比喻，它看起来就像我们的数学老师——当她伸展双臂站在黑板前面时，那个场景想想都非常可怕。

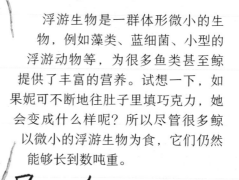

浮游生物是一群体形微小的生物，例如藻类、蓝细菌、小型的浮游动物等，为很多鱼类甚至鲸提供了丰富的营养。试想一下，如果妮可不断地往肚子里填巧克力，她会变成什么样呢？所以尽管很多鲸以微小的浮游生物为食，它们仍然能够长到数吨重。

后来，我们发现屏幕上显示的不过是放大的浮游微生物，这些微生物甚至无法伤害到一只蚂蚁。于是，我们决定采取一项必要的措施——张贴以下告示：

禁止尖叫

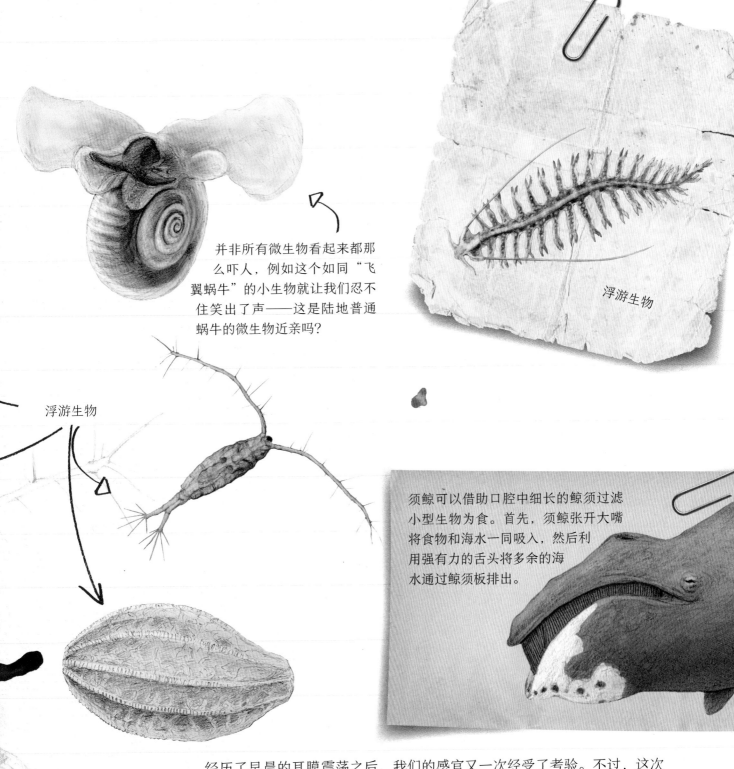

并非所有微生物看起来都那么吓人，例如这个如同"飞翼蜗牛"的小生物就让我们忍不住笑出了声——这是陆地普通蜗牛的微生物近亲吗？

浮游生物

浮游生物

须鲸可以借助口腔中细长的鲸须过滤小型生物为食。首先，须鲸张开大嘴将食物和海水一同吸入，然后利用强有力的舌头将多余的海水通过鲸须板排出。

经历了早晨的耳膜震荡之后，我们的感官又一次经受了考验。不过，这次是味觉。爷爷给我们准备了他炮制的维生素制剂——柠檬汁，要求我们每个人都吞下一茶匙。可是，爷爷的柠檬汁真的让人难以下咽。

爷爷说，柠檬汁可以帮助我们预防维生素C缺乏症——一种长期出海时很容易出现的疾病。在航海史早期，这种称为"坏血症"的疾病经常导致海员牙齿脱落甚至丧命。

这种果汁真的太酸了。如果我的牙齿被溶解了，我一点儿也不会感到惊讶。

爷爷倍感自豪的指南针，因为他自己在指南针上添加了花形装饰。

早餐时，我们进行了分工。妮可分到了一大卷地图，我们将借助地图来规划和标注航行路线。马丁的职责是观察仪器并照看我们的储藏室。爷爷负责操控潜艇和做饭——他宣称自己在掌舵和烹饪方面具有很高的天分。如果奶奶说自己有天分的话，我绝对相信，可我以前从来没在厨房见到过爷爷……

我们试航的第一站是冰岛，以探索当地闻名的温泉和间歇泉。

我得到了一项非常重要的工作——记录，也就是说我将负责填写航海日志。我还需要负责整理和清洁。不过，幸运的是，数天后所有人都认为我并非整理和清洁工作的最佳人选。

下午，我们接替了睡午觉的爷爷，开始第一次驾驶潜艇。我们向北航行，海底的景色让我们感觉兴奋。我们全都目不转睛地注视着游动的一群鱼。突然，鱼群受到了惊扰，它们迅速转头游走了。此时，潜艇内部响起了警报声，控制面板上一个橙色的声呐警示灯也亮了。

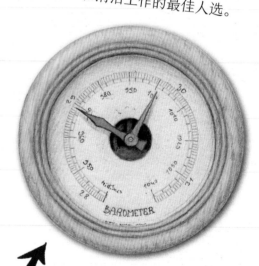

通过屏幕，我们清楚地看到了逃逸的鱼群，还有一个正以极快速度接近我们的巨大身影。最后一刻，我们才知道那是一艘船。马丁跳到了船舵前，窗外都是远洋客轮巨大螺旋桨搅起的泡沫。我们惊险而侥幸地逃脱了。呼！正如爷爷曾反复强调的那样，必须时刻有人监看声呐警示灯。

由于这里排满了仪表，船长驾驶舱看起来有点类似钟表铺。有些仪表显示的是各个船舱的气压，有些仪表可以测量水压并确定潜艇的深度。

借助这个阀门，我们能够控制压载舱的水量。增加进水量可以让潜艇潜得更深，排水则能够帮助潜艇上浮。

我好像真的没有整理和清洁的天赋……

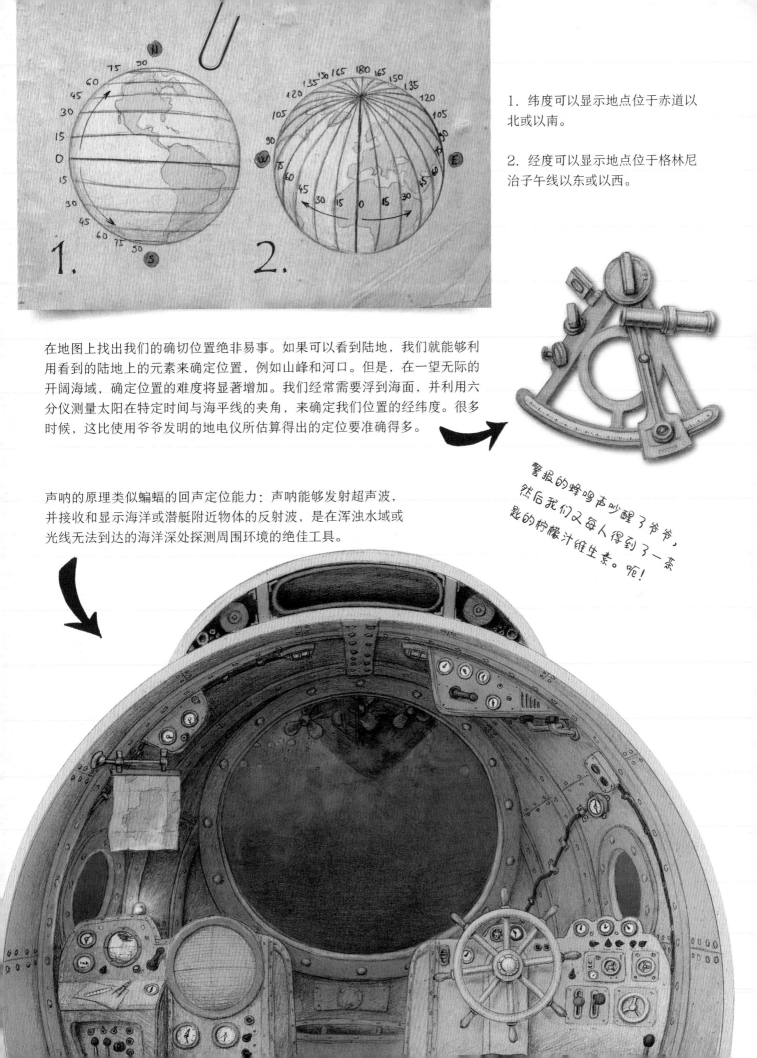

1. 纬度可以显示地点位于赤道以北或以南。

2. 经度可以显示地点位于格林尼治子午线以东或以西。

在地图上找出我们的确切位置绝非易事。如果可以看到陆地，我们就能够利用看到的陆地上的元素来确定位置，例如山峰和河口。但是，在一望无际的开阔海域，确定位置的难度将显著增加。我们经常需要浮到海面，并利用六分仪测量太阳在特定时间与海平面的夹角，来确定我们位置的经纬度。很多时候，这比使用爷爷发明的地电仪所估算得出的定位要准确得多。

警报的蜂鸣声吵醒了爷爷，然后我们又每人得到了一茶匙的柠檬汁维生素。呃！

声呐的原理类似蝙蝠的回声定位能力：声呐能够发射超声波，并接收和显示海洋或潜艇附近物体的反射波，是在浑浊水域或光线无法到达的海洋深处探测周围环境的绝佳工具。

海底潜行

我们离开了苏格兰西北海岸，前往圣基尔达岛。为了满足北大西洋长途航行的食物需求，我们需要去那里补充我们的鱼肉储藏。岛屿大多有陡峭高耸的悬崖，这些悬崖在狂风巨浪的侵袭中巍然挺立，为很多鸟类提供了栖息地，包括鲣鸟、海燕和长着多彩喙的海鹦。

在岩石之间的缝隙中，我们发现了这只差不多半米长的龙虾。我们用鞋带把它拉了出来，因为我们谁也不愿意让龙虾夹到手指。

银鲛真是一种奇怪的鱼类。远远看去，银鲛就像一只游向我们的兔子。爷爷明确禁止我们捕捉银鲛。后来，他才解释说，那是因为在银鲛的背鳍中有一根有毒的鳍刺，非常危险。

一群海鹦，色彩艳丽的喙是它们非常明显的特征。

在博雷岛附近，我们换上了潜水服，准备开始第一次远洋潜水。爷爷拿了一把鱼叉枪准备去抓鱼，我和马丁则人手一个钢丝笼，用来收集贻贝。我非常害怕离开潜艇。随着压力舱的舱门打开，混合着气泡的海水涌了进来。那一刻，我的恐惧达到了顶点。

舱门打开了，一切都回归了寂静。我穿着沉重的靴子落在了泥泞的海床上，耳朵里只能听到心脏"怦怦"的跳动声，还有空气经过压力控制阀时的"嘶嘶"声。

面罩让我有点儿头晕，寒冷让我的身体颤抖，我努力镇定心神。如果不是那条比目鱼，我或许就做到了：我完全没有看到那条隐藏的比目鱼，当它从我的靴子下面"飞"出去时，我吓得颤抖个不停，就像生了病似的。

我们返回潜艇后，妮可终于还是没忍住好奇心："你在干什么？你在把笼子当筛子用吗？"真希望她和我们一起去潜水了。不过，她更喜欢待在"家"里。

好几条鱼都游到了鱼叉的尖端，但爷爷正在一门心思地研究岩石的地质起源，让它们成功逃过了一劫。不过，我们最终还是把笼子装满了鱼，而且成功收获了几只大龙虾。

吸盘圆鳍鱼

鮟鱇非常善于伪装，而且能够像比目鱼一样在海底"隐身"。它们几乎常见于世界各地的所有海域，生活在深度可达1000米的地方。它们的奇特之处在于能够利用发光丝吸引猎物自投罗网，就像"钓鱼"一样。

多亏了扁平的身体和位于同侧的两只眼睛，比目鱼非常适应海底的生活。它们还可以根据需要用鳍快速掩埋身体，从而彻底"消失"。

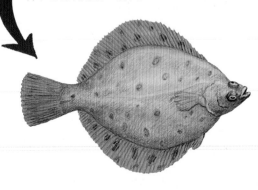

间歇泉

冰岛

雷克雅未克

红线表示的是我们前往喷泉和返回的路线。
红色圆点代表了冰岛境内的其他活火山。

"哇！陆地！"
正在通过潜望镜观察海面的马丁大声嚷道。我们顺利完成了试航并到达了冰岛。所有人都非常高兴！

上岸后，我和马丁终于可以同妮可保持几十米远的距离，享受片刻的清静了。或许也没有那么清静：海浪拍打着我们面前的海岸，头顶的鸟儿大声鸣叫。不过，相比妮可的喋喋不休、尖叫和跑调的歌声，此刻称得上是平和而又安宁。

平静很快就被打破了。妮可的叫声穿透了海浪的轰鸣，到达了我们的耳边：她喊着要我们立即返回潜艇，帮助爷爷把门搬出潜艇。妮可难道是疯了吗？为什么要把门搬出潜艇呢？爷爷露出了神秘又令人费解的表情，我猜他可能准备了什么惊喜。

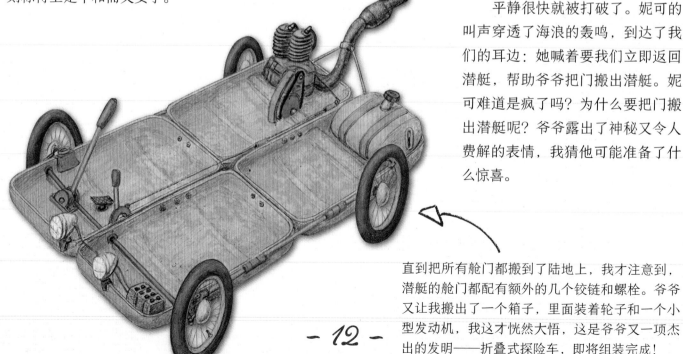

直到把所有舱门都搬到了陆地上，我才注意到，潜艇的舱门都配有额外的几个铰链和螺栓。爷爷又让我搬出了一个箱子，里面装着轮子和一个小型发动机，我这才恍然大悟，这是爷爷又一项杰出的发明——折叠式探险车，即将组装完成！

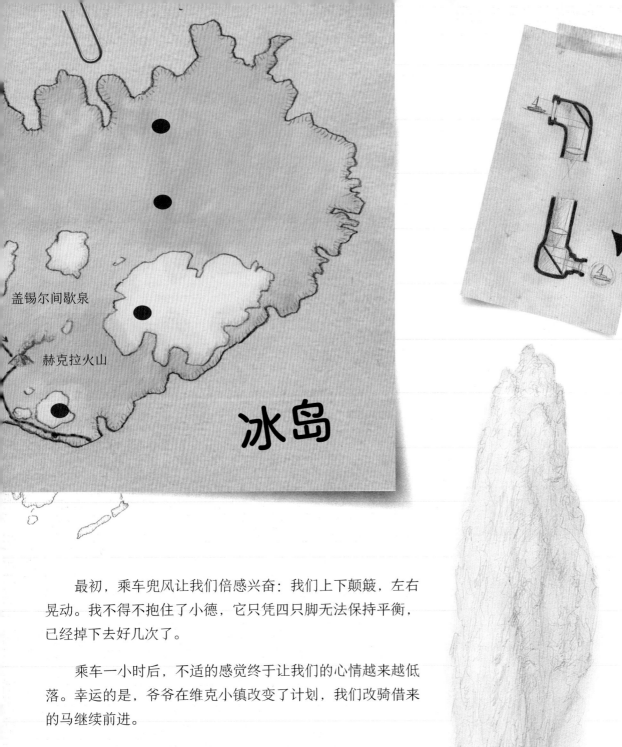

盖锡尔间歇泉

赫克拉火山

冰岛

爷爷的潜望镜是
我们观察海面情
况的工具。

最初，乘车兜风让我们倍感兴奋：我们上下颠簸，左右晃动。我不得不抱住了小德，它只凭四只脚无法保持平衡，已经掉下去好几次了。

乘车一小时后，不适的感觉终于让我们的心情越来越低落。幸运的是，爷爷在维克小镇改变了计划，我们改骑借来的马继续前进。

两天后，我们到达了豪卡道鲁山谷的间歇泉。在我们前方的火山口中，泉水时而汨汨而出，时而形成高高喷起的水柱，一切都表明地下正在发生什么事情。我们还看到了地面的一个鼓包，至少60米高的水柱和蒸汽从鼓包中喷涌而出。在温泉沐浴的感觉真棒，我们暂时忘记了旅途的劳累和浑身的疼痛，这次旅程也因为温泉而增添了不少美妙的经历。

爷爷向我们解释说，温泉是地底深处
炽热熔岩加热地下水的结果。

豆子
和香肠

爷爷说，覆盖地球表面的岩石层称为地壳，地壳其实分成了好几个板块，而这些巨大的板块相互挤压推动，地球核心极高的压力则使岩浆从板块的缝隙处喷涌出地面。这些描述让我们听得十分入迷。

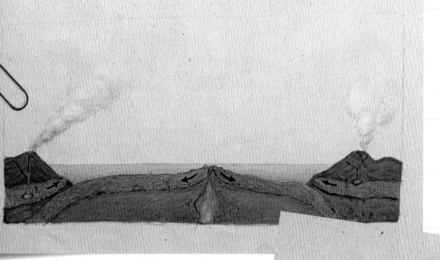

地壳由岩石圈板块构成，板块接触的位置经常会出现地震和火山活动。

冰岛位于板块交接处——大西洋中脊上方，这里是全球最活跃的火山区之一。

我和马丁十分渴望近距离地观察一座火山，在我们的再三请求下，爷爷终于同意我们近距离探查一座"喷火怪物"。前往火山的旅程又花了我们两天时间。靠近火山可真不容易，我们必须穿越河流和崎岖的峡谷，这对我们来说绝对是一次挑战。

"今晚我们就可以享用一顿热乎乎的晚餐了，"爷爷在我们最终到达赫克拉山的山脚时宣布，"在中世纪，当地人认为这是通往地狱的入口。"说完爷爷就笑了，我们可不觉得这有什么好笑。

我们偶然在一个陡峭的岩石坡上遇到了烟雾。硫黄的恶臭让我捂住了鼻子，我认为那儿可能就是爷爷说的地狱的入口。到了晚上，我们背着大锅到达了山顶，熔岩透过黑色的安山岩发出红光。有些地方的光线十分强烈，我们必须谨慎考虑落脚的位置，以免鞋底起火。爷爷拿出了一个罐子，我们开始加热晚饭。

熔岩烹制的豆子和香肠
味道极佳。

下山之前，我们花了些时间来制定第二天的计划。突然，我们屁股下方的那块巨石颤抖了一下。

"这不是个好兆头！"爷爷说，声音里带着一丝焦急。我们跳下巨石之前，距离我们只有几十米远的地方喷涌出了一大股熔岩。我们被困在了这块石头上！向上是陡峭而难以攀爬的冰墙，周围的斜坡已经铺满了滚烫的红色熔岩。

还好，爷爷急中生智想出了一个好主意。我们选了一块从冰川掉落的大冰块，把它当成了雪橇。雪橇开始缓慢下滑，底部接触熔岩发出了"嘶嘶"声。我们拿出了冰镐，急急忙忙凿出了一个放脚的凹坑。我们爬了上去，把冰镐牢牢插进雪橇作为雪橇的把手，然后用绳子将所有人绑成了一串。我们试着缓慢前进，但当冰与烧红的岩石接触后，我们似乎真正地乘上了雪橇，开始迅速下滑。尽管我们成功地快速穿越了熔岩区，但遇到了一个新的问题：雪橇没有刹车。马丁努力想办法安抚妮可，避免她尖叫，但没有成功。最终，冰雪橇解体了，我们也滚落在地，不过，至少我们成功脱险了。

有惊无险，我们乘着雪橇成功逃离了火山，尽管回想过程仍然让人两腿发软。

我早说了，我们不应该挑这座火山来近距离观察的。

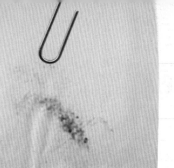

接下来是痛苦颠簸的一周。我们骑马并乘坐探险车重新返回了海边。回到潜艇之后，我拖着僵硬的身体，像机器人一样爬上梯子回到我的床上。我本打算打个盹，但没想到一觉睡到了第二天才醒来。

第二天早晨起床后，我走出我的船舱，发现所有人都趴在了侧窗上。甚至小德也在场，妮可把它抱到了玻璃窗前，以免它错过海底的奇观。我很自然地把头插到了马丁和妮可之间，但小德咬住了我的耳朵，让我很恼火。于是我去了驾驶舱，这样我就可以改变航向，然后轻松从前窗看到一切想看的内容了。

在潜艇的正前方，我看到了鲸的巨大身形。我调整了航向，潜艇直接闯入了一群北极露脊鲸的队伍！但我们的出现似乎并没有惊扰到鲸群，它们与潜艇并排游动了一段时间。我向你保证，鲸群真的非常壮观！

北极露脊鲸的寿命可以达到200岁，并且拥有冠绝所有动物的大嘴。我敢打赌，妮可此刻心里一定在想，如果她也这么能吃，她肯定也能长寿。

多亏了漫长的极昼，即使在深夜，太阳也不会完全落在地平线以下，我们能够持续航行。

不过，我们变得越来越疲倦，浮冰也越来越多。浮冰反射着五颜六色的光与海面的反光交织在一起，让我们越来越难以选择航线。浮冰的移动也因为强风变得毫无规律，无法预测。于是我们决定进入一个大冰洞，作为我们暂时的安全港。

躲避海面障碍时必须十分谨慎，因为海面上方能看到的只是冰山的一角。即使最坚固的船只，与冰山碰撞都可能导致灭顶之灾，例如泰坦尼克号。

这个冰洞虽然入口狭窄，但洞长300米，高50米，是巨大冰山中的一个裂缝。我们停靠在洞穴的尽头，那里有陆地的基岩，还有一条流入大海的地下河。冰冷的空气、地下河令人不安的轰鸣，加上无尽的黑暗，这个洞穴真的不能称为一个舒适的避风港。上床睡觉之前，我们必须补充饮用水储存。我们走出潜艇，来到冰洞的尽头，那里是冰山与河流交汇的地方。为了在黑暗中辨清方向，我开始敲打水罐。金属声、河流轰鸣声与洞穴回声相交融，共同演奏着一曲交响乐。最初，我们没有注意到偶尔发出的重物落水的声音，直到我们被溅了一身冰水。"什么东西在附近！"我急忙把电石灯对准水面，担心附近可能出现什么动物。水清澈见底，我们能看到蓝色的河床。而当我把灯转向洞顶，我们就明白了偶尔出现的落水声的真相。洞顶密布着冰山愤怒的牙齿——冰柱。这些冰柱长短不一，最长达数米，而且非常尖。

爷爷要求我们迅速返回潜艇。我停止敲打，脚步也放缓，甚至不敢大声地擤鼻子。我可不想被扎成刺猬，然后永远留在这个冰洞里。

那天晚上，我辗转反侧了很久才睡着。河流的喧嚣伴随着不时的冰柱坠水声，甚至盖过了爷爷的呼噜声。潜艇时不时会突然向一侧倾斜。第二天早上醒来，除了爷爷，我们都从床上掉到了地板上。冰洞里的水位已经升高，入口处的冰块也开始掉落，是时候离开这个危险的港口了。

能够活着走出这个冰洞真是万幸……

被困"冰牢"

来到洞外，恶劣的天气让我们吃了一惊，外面竟然已经成了暴风雪的世界。我们只能短暂地让潜艇浮出水面，呼吸新鲜的空气并寻找通过浮冰的路线。我们打开了通向外界的顶舱门，狂风和雪花直接冲了进来。爷爷迅速穿上保暖外套，戴好手套，爬出了潜艇并关闭了舱门。他这一系列的反应，让我们感觉很不安。

半小时后，我们终于听到了金属船体中传来的脚步声。爷爷回来了，他满身是雪，冻得瑟瑟发抖，胡须上还挂着几厘米长的冰柱。

"天哪，这天气真可怕！"他抱怨道，"我们必须等待暴风雪停止。能见度太低，我们无法穿越浅水区。如果发生了碰撞，潜艇可能被损坏。"

我们等待了很长时间，三天过去了，天气都没有好转。尽管风减弱了，雪也停了，但冰层变得更厚、更广了。

查看外部环境时，我们发现了一个最糟糕的结果——海面散布的浮冰似乎连成了一片。

由于不知道这个"冰牢"将持续多长时间，我们不得不开始节约燃料。我们想出了一个主意，那就是从需要加热的船舱搬出来，住进传统的因纽特式冰屋里。

熊的脚印

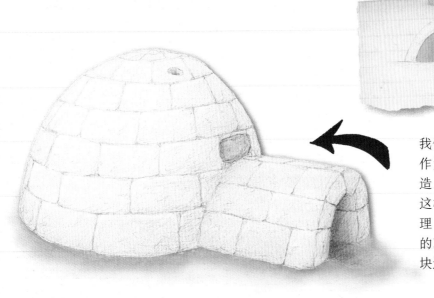

我们用铲子在选好的建造地点切割冰雪，作为建造材料。然后，我们挖了一条沟来造入户短门廊。较重的冷空气会下沉，这样的门廊有利于冰屋保温。根据这个原理，我们还加高了床铺的位置。冰屋穹顶的顶端设有一个通风孔，我们专门选了一块透明的冰块作为窗户。

冰屋最大的问题是没有厕所。妮可喜欢晚上11点或早上6点左右去厕所，而且她一定要别人陪她去，原因是"有北极熊"。我们发誓说外面根本没有北极熊，但她坚决不信。她觉得北极熊就在外面，我们发现不了它们，只是因为它们用爪子遮住了黑色的口鼻，能够凭借保护色的伪装慢慢靠近猎物。于是她每次去厕所都会用大勺戳我们的肋骨，直到我们某个人离开温暖的床铺她才停手，真让人没办法。

熊可以用熊掌遮住口鼻，但这显然只是吓唬小孩的传说。如果你真遇到了一只北极熊，你会看到它黑的鼻子，然后是洁白的牙齿，最后是腹部。

当心，
熊出没

但是，外出探索周围环境时，我们真遇到了熊。我们排成一列行走，把绳索拴在每个人的腰上，以免有人掉队，尤其是要尽可能避免有人滑入冰缝中。此外，如果我们发现被附近的某只肉食动物尾随，绳子也能发挥一些作用。

幸运的是，北极熊有充足的食物，并没有注意到我们。我们周围到处都是动物留下的痕迹，冰山上住着许多海象和格陵兰海豹。不过，我们最好与这些肉食动物保持一定的距离。我们只有鱼叉枪作为唯一的武器，而且我怀疑那根本没有用，就好比我们要用一根针来狩猎大象。

看到黑色的口鼻从附近雪堆中探出来时，我大吃一惊。不过，万幸，这不是北极熊，而是一只格陵兰海豹。

这只格陵兰海豹的幼仔看起来十分可爱，妮可像逗婴儿一样逗弄它。

天气转晴，冰开始融化，冰山恢复了移动。现在，我们的潜艇与广阔的海洋之间只隔了一座小冰山。这座冰山卡在我们正前方的一条沟槽中。爷爷决定不再等下去了，我们得重新踏上旅程。于是，我们在冰山上切了几个深洞，将所有电石倒入其中。爷爷还在其中添加了一包浓缩柠檬汁，以及两种他曾在近期用过的化学品，就是曾引发了院子里的柠檬大爆炸的那些。

妮可并没有招惹这只海象，海象肯定也听不懂她的话。

雪鸮

覆盖雪鸮全身的白色羽毛非常适合冰天雪地的北极环境，能够提供出色的伪装。冬季，这种大型猛禽会迁徙到北美洲和亚洲越冬。

冬季，鸟类会离开北极迁徙到其他地区越冬

北极狐

夏季，北极狐会换上一身棕色皮毛，替换冬季洁白且厚实、保暖的皮毛。

小鹦鹉螺号

座头鲸

为了避免因铺满海面的浮冰而窒息死亡，座头鲸必须定期浮出水面呼吸。它们会在冬季前往温暖海域，然后在夏季返回食物（鱼类）丰富的寒冷海域觅食。

大西洋鳕鱼

大西洋鳕鱼成群生活在北大西洋的寒冷海域，而且很多个体的长度可以达到1米。

冠海豹

雄性冠海豹长有一个奇特的鼻中隔——类似红色气球一样可以膨胀的膜。这有什么作用？当然是为了吸引雌性和威慑竞争对手！

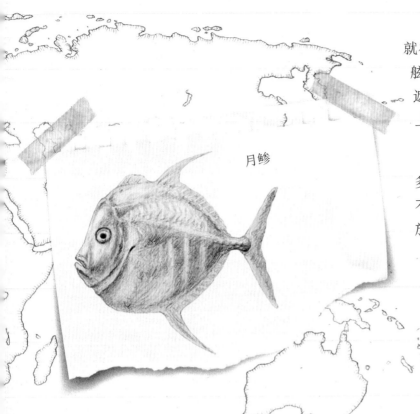

月鲹

爷爷告诉我们，船有时候会在航行时失踪。就在此时，我们驶入了一片奇怪的浓雾。透过舷窗，我们看到了无数上升的气泡，气泡完全遮住了我们的视线，让人眼花缭乱，我只得闭上了眼睛。

再次睁开眼睛时，我发现气泡减少了许多。爷爷笑了，拍了拍我的背，说："在海底不会发生失踪事件。我们看到的不过是海床释放的甲烷气泡而已。"

候鸟的迁徙或季节的变化等这些规律性的现象总会引发爷爷的伤感。这一天，他突然陷入了惆怅中无法自拔，他坐在自己的船舱中，整整一天都没有离开过。因此，我们必须独立操控潜艇和导航。但我们总是被热带海域丰富的海底生物所吸引，很难一直保持航向。我们追逐着一群约15只的海豚，并见证了海豚神奇的水下产仔过程。于是，我们理所当然地偏离了航线，我们正在接近巴哈马群岛的某座岛屿，但不确定是哪一座。妮可告诉我们无须担心：1492年登陆圣萨尔瓦多岛的时候，克里斯托弗·哥伦布也在这里迷过路。

与其他哺乳动物的雌性个体一样，母海豚会直接生下幼仔。

四眼蝴蝶鱼身上具有类似眼睛的黑斑，黑斑可以分散潜在捕食者的注意，让它们转而攻击不十分重要的身体部位。

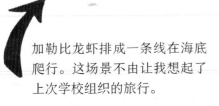

加勒比龙虾排成一条线在海底爬行。这场景不由让我想起了上次学校组织的旅行。

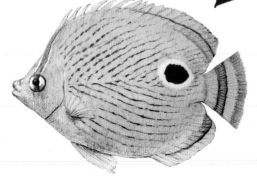

可怕的海盗

到达牙买加附近时，爷爷终于走出了他的船舱，并且宣布："我已经阅读了所有关于海盗的资料。现在，只有抹香鲸才能阻止我们在附近寻找海盗船残骸的行动。"他控制着船舵，将潜艇驶向了金斯敦港。我们停泊在一个海湾的边缘，据称这个海湾曾经是亨利·摩根及海盗们的销金窟。妮可又提出了抗议，她说她哪儿都不去，她可对寻找海盗没有一点儿兴趣。我们费了半天口舌来向她解释，才让她相信这里曾是17世纪下半叶土匪和海盗们的聚居点，非常值得一探，并且那些海盗很早之前就已经消失了，绝对安全。她这才同意打开舱门。

还好这只躺在路边的秘鲁巨人蜈蚣已经死了。如果这个30厘米长的怪物爬到我身上，我想我会发疯的。爷爷说这种蜈蚣是有毒的，而且它的叮咬会引发剧烈的疼痛感。巨人蜈蚣体形非常大，它应该能够轻松猎食老鼠、鸟类和青蛙。

但是，我们的安全保证没有太大作用。在前往港口小酒馆的路上，妮可每遇到脸上有疤痕或者跛行的人就会小声嘀咕，提醒我们注意，并且言之凿凿地断定附近肯定有真正的海盗出没。为了让她转移注意，我把路旁躺着的一只巨大的爬虫指给她看。这个办法奏效了，她很不高兴，并且好几分钟都没有说话。

亨利·摩根

根据这张来自某本旧书的图片来看，亨利·摩根是一个平和的人。但其实他是一个臭名昭著的可怕的海盗。他受英格兰政府的派遣，破坏西班牙殖民地，并抢夺财富。17世纪80年代，亨利·摩根曾担任牙买加总督，因此爷爷认为我们在皇家港有可能找到沉船的信息。

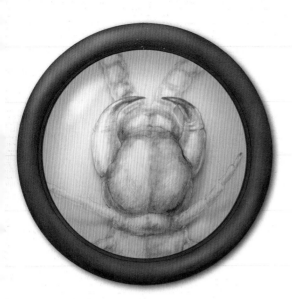

蜈蚣口旁的尖利的凸起看起来像刺，但实际是由它的前腿进化而成的致命武器，这些尖刺能够向猎物体内注射毒液。

肉干令人难以忍受的辛辣味来自看起来不那么起眼的哈瓦那辣椒——全球最辣的植物之一。

在酒馆里，我们点了肉干，这是在用大木板制作的菜单上，写在一大堆烈酒和朗姆酒下方的唯一的食物。我们坐在一张空闲的长凳上，旁边有一个盲人带着他受过训练的猴子，猴子用铁链拴着。我们已经饥肠辘辘，所以急不可耐地咬了一大口肉干。顿时，我感觉我的舌头着火了，眼球似乎要跳出来。当妮可得知那是山羊肉后，她拒绝吃第二口。说实话，以我们眼中的热泪为证，我们其他人也都很难吃下第二口。而当妮可发现看上去可爱的猴子其实很惹人厌且身上爬满了跳蚤之后，她更加坐立不安了。然后，这只猴子竟然点着了一根雪茄，逗乐了其他客人。妮可开始变得烦躁，嚷嚷着她已经吃饱了，要回去。不过，那时候，我和马丁的注意力都集中在试图搞明白爷爷和盲人用英语说了些什么上。

我为这只受过训练的僧帽猴感到遗憾，因为聪明的小猴子与它的主人一样，都过着极不健康的生活。

蓝洞

爷爷有几个通过高温反应制作秘密墨水的配方。据我所知，使用普通牛奶、柠檬汁或洋葱汁就可以制作秘密墨水。但是，有的墨水难以被检测。例如，用硫酸铁写下的字必须通过涂抹氰化钠才能显示。这些物质的反应会产生一种颜色为普鲁士蓝的物质。

　　经过一番艰苦的讨价还价，盲人让一个小男孩去拿了一张地图。爷爷在桌子上放了一沓钞票。但是，那只烦人的猴子将没有烧尽的雪茄放到了男孩带来的贵重文件上。

　　纸的边缘有些焦了，我看到了难以置信的一幕：由于加热的缘故，地图边缘显现了一行秘密文字！我认为最好暂时保持沉默，现在如果让其他人发现这个秘密信息，那刚刚达成的交易就可能泡汤。一出小酒馆，我就忍不住了，出门来到街上之后，我把肚子里藏着的话全都吐了出来，但没有人知道我在嘀咕什么。我定了定神，用稍微和缓的语气重复了一遍刚才的话："我说，那张纸……纸上有密……密文！"现在，终于所有人都知道了。我们加快了返回潜艇的步伐，我们每个人都迫不及待地想仔细查看这张神秘的地图。

　　妮可催促着我们回潜艇，还要我们尽快离开这个地方，因为她认为有人在监视我们。马丁同意了她的看法，也称自己在酒馆时注意到有人一直盯着我们。这让我们立刻启航离开了。

　　我们点燃炉盘，并把地图悬空放在上方，然后我们看到了如下文字："卡里考脖子拴着锁链，坠入了最深的蓝洞。他已经如愿以偿。地图是空白的。钓鱼者知道一切。"

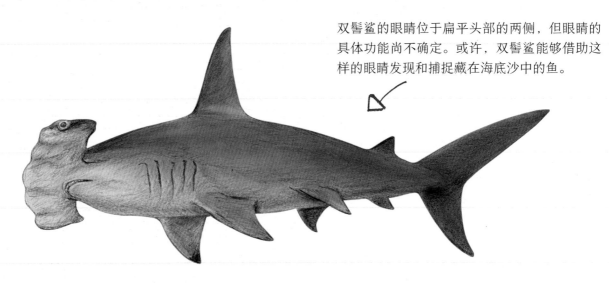

双髻鲨的眼睛位于扁平头部的两侧，但眼睛的具体功能尚不确定。或许，双髻鲨能够借助这样的眼睛发现和捕捉藏在海底沙中的鱼。

　　地图上的谜语让我摸不着头脑，但爷爷却说自己知道蓝洞在哪儿。他要求我们设定航线，前往伯利兹。

　　在那片清澈的翡翠色浅海中，我们确实找到了一个圆形的深洞。怀着激动的心情，我们下潜到了蓝洞底部。一头双髻鲨随我们一同下潜，并环绕着潜艇游动，仿佛它是这个奇特地方的守护者。双髻鲨扁平的头部让我感到非常惊奇，更奇特的是双髻鲨的侧面还"搭载"着其他的鱼"乘客"。

　　这是目前为止我们下潜最深的一次。深度超过100米时，潜艇停顿了一下，外壳上的金属板发出嘎吱嘎吱的声音，而内部也同时响起了警报声。爷爷慢慢地点了点头，然后启动了引力子装置。这个独特的发明可以减轻海水对潜艇钢制外壳的压力。在125米的深度，我们使用阿方斯镜仔细检查了海底的情况，结果发现在沙砾和珊瑚残骸中掩埋着一具人类的骨骼。这具骨架应该属于称为卡里考的海盗，因为有一条金锁链缠绕着他的脖子。有点迷信的爷爷决定将骨骼留在原处，以免遭遇死者的诅咒。另外，不得不考虑的是任何挖掘必定要面临这头巨大的双髻鲨的攻击。

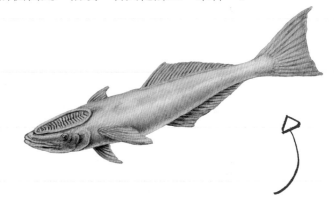

聪明的小鱼可以附着在较大的鱼身上，给"宿主"大鱼提供有利于它的服务，比如帮助宿主摆脱寄生性甲壳动物带来的不适。

不出所料，卡里考这个名字对我们来说没有太大的意义。因此，我们向南航行，到达了哥斯达黎加海岸。按照购买的地图的指示，这里有一艘沉没的西班牙船只。

在地图上"X"标记点周围数海里的范围内，我们发现了一些线索。第一个线索是加农炮弹，我们还发现了一块生锈且长满珊瑚的锚碎片。现在我们确定沉船就在附近。

沉船像幽灵一样突然出现在深蓝色的大海中，让我感觉不寒而栗。尽管我们都很兴奋，但爷爷突然变得严肃起来，摇了摇头，他认为这里有些不对劲。他再次拿起了地图。过了一会儿，他使劲儿用手拍了一下额头："怎么一开始就没发现呢？"他大叫："看这里的记号！"我们不明白哪里出了问题，但很快我们也意识到了——地图是假的。标记地点的"X"不是用旧的铁胆（鞣酸铁）墨水书写的。我们面前的沉船根本就不是西班牙帆船，沉没于数个世纪前的船体和桅杆也不可能保存得如此完好。

哥斯达黎加

1海里=1852米

沉船

湖岸附近的水太浅，无法容纳潜艇，因此我们停在了一个破旧的木制码头边，然后继续沿丛林中的小路徒步探索。很快，夜晚降临了。由于热带丛林植被茂密，夜晚来得就像关灯一样快。不过夜晚的丛林同样喧闹。我有种感觉，我们正在被无数的眼睛盯着。我们沿着小路费力前行。因为无人打理，路已经被植被遮住了。突然，我发现脚步声有些不对劲儿，我立刻叫停了大家，然后点燃了一根火柴：爷爷和妮可都在，但是没有马丁！我们立刻剥了一段干燥的树皮，点燃了这根临时制作的火把。在火把的光线下，马丁出现在了不远处。他已经陷入了泥沼，只有头露在外面，越努力挣扎，陷得越深！万幸，他还活着，我们必须马上救他！

"别动！"爷爷喊道。我们四处寻找长树枝来营救马丁。爷爷让我们趴在潮湿的地面上，慢慢爬过去，以防止突然陷入泥沼。马丁抓住了我们伸过去的树枝，努力爬了出来。即使在这样危及生命的时刻，马丁仍然没忘了开玩笑——他说他自己现在得到了防止蚊虫叮咬的绝佳保护层。

如果陷进了泥沼，请记得千万不要做任何剧烈的动作。只要你始终能够露出头来并够得到坚硬的地面，你就可以保证最终获救。

巴拿马之旅

此刻，我们在原始森林的夜间徒步已经变得非常危险，所以最好就地宿营。我们生了一堆篝火，来避免猛兽的袭击。然后，我们用香蕉树的叶子搭建了一个简单的窝棚。那是一个可怕的夜晚，我们四周的森林中传来了各种各样的声音，很多次我都听到了某种生物越来越近的脚步声，甚至呼吸声。小德非常害怕，它都忘记了嚎叫，那可是它通常最喜欢的活动。

巴拿马运河

一面用香蕉树叶铺成的斜坡，加上另一侧悬挂的蚊帐，就成了一间简单的棚屋，能够帮助我们防备令人毛骨悚然的爬虫。火堆能够驱赶更大的动物，迫使它们与我们保持距离，最少我希望如此。我们把所有食物都倒在了远离营地的一个地方，以避免吸引丛林中长着尖牙利爪的饥饿的捕食者。

我们的心情随着清晨的阳光而明朗起来，我们的勇气也回来了。当我们返回码头时，小德冲进了灌木丛，浑身的毛炸着，好像豪猪一样。下一刻，它又呜咽着跑了回来，还夹着尾巴。

与所有其他狗一样，小德讨厌猫。但是，在它接近一只结束了夜间狩猎正在灌木丛中休息的美洲豹时，小德意识到这只"猫"比它认识的那些猫大了一些。

这只美洲豹重量在100千克左右，是小德遇到的最大的"猫"。小德能够跑回来真是太走运了，或许，它都不知道自己有多么幸运。

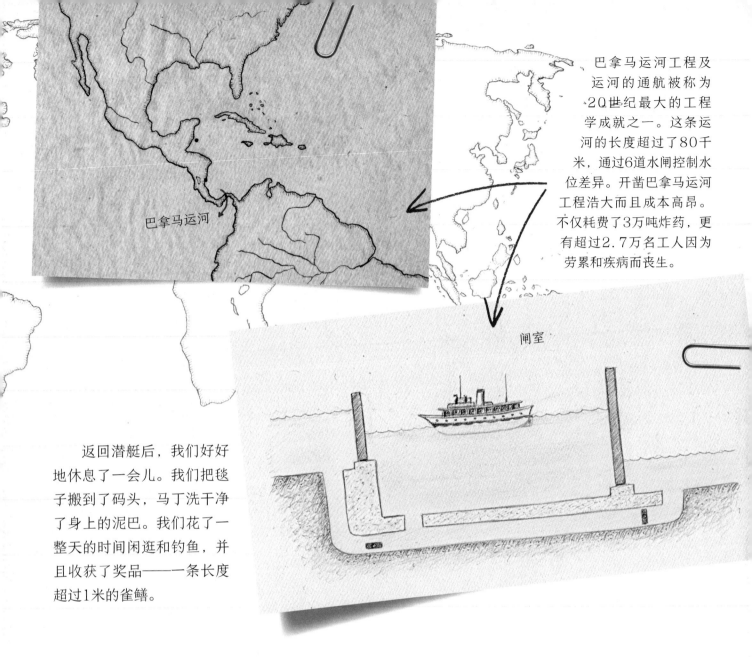

巴拿马运河工程及运河的通航被称为20世纪最大的工程学成就之一。这条运河的长度超过了80千米，通过6道水闸控制水位差异。开凿巴拿马运河工程浩大而且成本高昂。不仅耗费了3万吨炸药，更有超过2.7万名工人因为劳累和疾病而丧生。

巴拿马运河

闸室

返回潜艇后，我们好好地休息了一会儿。我们把毯子搬到了码头，马丁洗干净了身上的泥巴。我们花了一整天的时间闲逛和钓鱼，并且收获了奖品——一条长度超过1米的雀鳝。

我们开始计划下一个航行目的地。我们可以环绕南美洲航行，或者选择一条更短的航线——穿越巴拿马运河。最后，我们选择了穿越巴拿马运河。这样，我们可以提早进入太平洋，从而有更多时间在夏威夷或日本等地停留。

雀鳝

月鱼

操控潜艇穿越巴拿马运河是一项艰巨的工作。不过，到达太平洋后，我们的航线又恢复了畅通无阻。

在加利福尼亚湾，我在日记本中画下了这条美丽的鱼。马丁正试图用网捕捞些什么。我听见他在甲板上大叫："哦不，这也太黏了！"我三步并两步地爬上了楼梯，急着去看看外面发生了什么。一个奇怪的生物从马丁的手指间滑落。这个生物很胖，看起来像是一条巨大的蠕虫，而非一条鱼。这条鱼从马丁的指间滑落，掉回了海里，但恶心的黏液沾满了他的手。

遇到危险时，盲鳗会产生大量的黏液。真遗憾马丁抓到这条鱼时妮可并不在场。

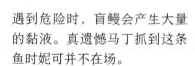

剑鱼真的拥有一把"剑"——像武器一样突出的吻部。由于游速极快，剑鱼可以追逐鱼群并刺伤猎物，然后抓住并吃掉受伤的目标。除了卓越的游泳技能，剑鱼还有其他能够帮助它捕食的特性。例如，在寒冷的海域，剑鱼能够保持眼部的温度，进而保证良好的视觉。

盲鳗落海后不久，一条强壮的鱼从另一侧跳上了潜艇，还向我们喷水。不过，在我们看清楚它之前，这条鱼就返回了大海。所以，我们不得不急匆匆地进了船舱，通过甲板下面的舷窗继续观察。

那是一条漂亮的剑鱼，它正在追逐一群小鱼。我们试图驾驶潜艇追随剑鱼，但它的速度实在太快了。

下午，风彻底停了，大海变得平静，阳光十分明媚，我们决定下海游泳。

海水的温度比我们预想的要低，游了一会儿之后，我们回到了潜艇上，躺在沙滩巾上，开始晒太阳。爷爷一边抽着他的烟斗研究地图，一边嘟嘟囔囔说着什么。妮可还待在水里。

我眯着眼睛，看着反光的海面。突然，我注意到一个黑色的物体划过水面。我睁大了眼睛，鲨鱼！我本打算站起来招呼妮可，但我失去了平衡，一头栽进了水里。

我在水下看到了所有人永远都不希望近距离接触的生物——鲨鱼！而且，还不只一条，而是数十条，其中包括几条巨大的白色鲨鱼！我以前所未有的速度从水里爬回了潜艇。还没等我说什么，爷爷和马丁已经看到了露出水面的鲨鱼鳍，火速冲向甲板下方的驾驶舱，设置潜艇全速航行。但很快我们不得不紧急刹车，当我把安全带扔给妮可时，最近的一条鲨鱼离她只有数米远。

尽管鲨鱼攻击人类的情况十分罕见，但我们还是不由得感到恐惧。妮可在得知我们着急让她返回潜艇的原因之后，直呼她惊出一身冷汗。

鲨鱼有非常多种，其中很多都不会威胁人类的安全，包括这只条纹斑竹鲨。

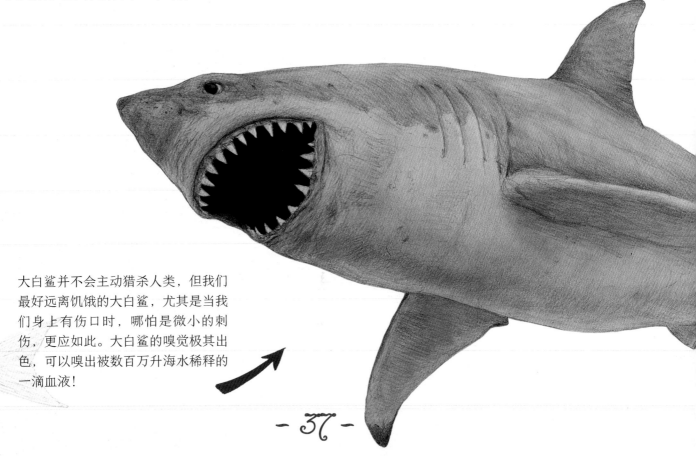

大白鲨并不会主动猎杀人类，但我们最好远离饥饿的大白鲨，尤其是当我们身上有伤口时，哪怕是微小的刺伤，更应如此。大白鲨的嗅觉极其出色，可以嗅出被数百万升海水稀释的一滴血液！

水下森林

水獭可以躺在海面上，用石块打开放在腹部的贝壳，或者在海面上浮着睡觉。这是一种非常聪明且充满好奇心的生物。在潜艇经过时，一只水獭从舷窗外好奇地打量着我们。

水獭皮肤表面的毛发极其茂盛，达到了令人难以置信的每平方厘米15万根。极密的皮毛能够隔绝冰冷的海水，提供出色的保温性能。

我们航行在海岸附近一成不变的地形中，没有任何人关注方向，我们只关心接下来是向北还是穿越大洋前往夏威夷群岛。突然之间，一团黑影笼罩了潜艇。我们透过舷窗看到的景象让我们喜出望外——潜艇进入了一片巨大的水下"森林"。所谓"森林"其实是由巨大的海藻组成的，这些海藻挺立在海洋中。

海藻的生长速度非常快，最长可以达到45米，不由让人想起宏伟的红木森林。海藻"森林"形成了保证生物多样性的重要的生态群落。

穿越太平洋

夏威夷群岛

互利共生：清洁鱼从海龟背上获得食物，海龟摆脱死皮和寄生虫。

太平洋是世界第一大洋，几乎覆盖了地球表面的一半面积。我们在途中遇到的每座岛屿都停留了一会儿，以补充库存并恢复体力。我们并非唯一将夏威夷群岛作为服务站的长途旅行者，因为我们见到了在清洁站享受鱼类服务的绿海龟。

尽管在夏威夷群岛度过的时光轻松惬意，但还是发生了一件危险的小事：一条巨型海鳝从岩石下方的藏身处蹿了出来，咬了马丁一口。还好，海鳝只是把马丁的裤子咬破了。在浩瀚的太平洋中，时间似乎也停滞了。通过潜望镜观察海面时，我们看到的景象永远是一望无尽的水。

之后的一个晚上，在乌云密集的一场夏日暴风雨中，我临时起意去观察潜望镜，结果看到了一些不一样的景象——不远处有一条船正在随波上下起伏！那只是一艘小划艇。我们朝着划艇前进，想看看小艇出现在太平洋深处的原因。一道闪电瞬间照亮了海面。我们看到船舱里躺着一具衣衫破烂的腐败尸体。我还注意到那尸体曾经强壮的手臂上刻着一条琵琶鱼和一幅图，图中是抓着一把弯刀的手臂。尸体破碎的颅骨旁有一把手枪。根据这些线索，我们或许能够猜测整个故事的大部分情节。

尖利的牙齿表明，如果被海鳝咬伤，那可能会是一段疼痛难忍的记忆。

- 40 -

深海生物

帆蜥鱼

这种形似蜥蜴的深海鱼口中长着针一样的尖牙，甚至舌头表面也有！

银光鱼

银光鱼属于巨口鱼目，以能够吞咽猎物的活动的颌著称。

许多生活在深海的鱼类都具有发光器官，可以作为诱饵引诱猎物。

小飞象章鱼

头部类似象耳的鳍是小飞象章鱼得名的原因。这种章鱼可以生活在海平面3000米以下的深海中。

吞噬鳗

吞噬鳗的尾巴末端可以发光，能够通过摆动尾巴将猎物吸引到它张开的大口中。

蝰鱼

蝰鱼也有可以发光的"诱饵"，还有长而锋利的牙齿，这些长牙甚至让它们无法闭上嘴！

这个奇怪的生物是一种海参。

褶鳃鲨是一种生活在深海的"活化石"物种，在数百万年的进化史中几乎没有变化。

褶鳃鲨

柔骨鱼

可以向外弹出的独特下颌是柔骨鱼的一种致命武器。此外，柔骨鱼每只眼睛下方都有一个能够发出红光的发光器官，可以在漆黑的深海中照明。

数只螃蟹正在外面瞪着我们。这似乎本不应该引发尖叫，但问题是这些螃蟹的个头真的非常大！爷爷又一次兴奋异常，作为一名生物学家，他特别偏爱各种庞然大物。

"谁想和我一起出去看看？"他问道，同时拿起了潜水头盔。

如果让我说，我希望我们都离这些螃蟹远远的。但是，马丁点头了，我可不想做个胆小鬼，所以我也点了点头。

日本蜘蛛蟹可以存活一个世纪。当它将腿完全展开时，跨度能够达到约4米。

在富含氧气的环境中，大多数小型水生生物的体形都会显著增大。在大气中氧气浓度较高的史前时代，陆地上也生活着很多巨型昆虫。

Bathysaurus

爷爷和我画的奇特深海生物草图记录。

我专心致志地测量蜘蛛蟹的腿，却没有注意到它对我的氧气管很感兴趣。要是我没有及时躲开，我担心我会窒息。

海洋怪兽

海底城市

正如古语云："祸兮福所倚"。由于一次意外，我们发现了一座海底城市。

当时，我们正在观察一条大鱼，尽管那条大鱼没有明显的鲨鱼齿，爷爷还是认为那是一条鲨鱼。突然，我们透过窗户发现我们被网罩住了，成了一艘大型渔船拖网的猎物。我们试图挣脱，但就像被黏在蜘蛛网中的昆虫，渔网缠住了螺旋桨，且越缠越紧。我们被渔船拖行了数分钟，估计船上的渔民完全不知道我们的处境。不久后，我们卡在了两根花岗岩柱子之间，才得以挣脱了渔网。

潜艇在剧烈抖动一阵后平静了下来，我们把自己塞进了潜水服，开始清理缠在船体和螺旋桨上的渔网。

我正忙着锯缠在潜望镜上的网绳，马丁轻轻拍了拍我的肩膀，并指了指我们的下方。透过黑暗、浑浊的海水，我仔细通过轮廓分辨远处的景物——那是一座海底城市！

叶海龙

那个温和的庞然大物竟然是一条鲨——鲸鲨。鲸鲨的长度可达17米，是地球上现存最大的鱼类。鲸鲨以浮游生物为食，它们对人类毫无威胁。

很快，我们清理掉了残留的渔网，返回了潜艇并乘潜艇继续下潜，前往查看那座海底城市。我们停在了海底山脉的顶部，古城就建在山坡上。通过街道和建筑物仍然能够想象这座城市曾经的辉煌和灿烂的文明。根据巨大的岩石裂缝和落石，我们推断，古城坠入海洋可能是严重自然灾害的结果。

我们不能告诉你古城的准确位置，因为我们打算将来在有时间时展开进一步的探索。

等我们来到中国的香港，爷爷再次着了魔，他沉迷于从一家古董店跑到另一家古董店，带回了许多地图和一些雕刻品。这些都与著名的郑和船队中的一艘珍宝船相关。妮可小声和我说："我敢打赌，我们接下来就要寻找那艘船了。"她没说错。

如果有静坐这项比赛的话，爷爷一定能拿冠军，他可以连续五天几乎一动不动地观看海底和阿方斯镜。那五天里，我们的收获颇丰：沙丁鱼罐头盒、马桶圈、碎掉的桨片、锚和一口旧锅……

据称，郑和船队的珍宝船应用了当时最先进的工艺，长度达到了令人难以置信的120米。与之相比，克里斯托弗·哥伦布20米长的船似乎就是一艘小艇。

艳丽的帝王虾以浮游生物和海参身上的有机物碎屑为食。这是两种生物互利共生关系的又一个典型示例。

搜索海底的工作过于无聊，于是我、妮可、马丁开始了一场竞争：比比谁找到的鱼最有趣。最终我赢了，因为我找到的那只头上长角的方形生物显然最为奇特。我们在越南下龙湾附近海域再次浮出水面，欣赏周围美丽的自然风光。在形状古朴的白垩岩之间，有数十艘平底帆船正在夕阳的余晖中漂流。

"如你所见，并非只有金子才称得上宝藏。有趣的体验是更宝贵的财富。"爷爷又发表了自己的智慧感言。受自然美景的感动，妮可哭了起来，小德对此并不十分关心，它只希望有机会呼吸新鲜空气并在外面撒尿。

平底帆船在中国以及附近海域乘风破浪了2000多年。
典型的平底帆船具有平坦的底部和分段的船帆。

中国南海

驼背三棱箱鲀是我们评选出的最有趣的鱼。不仅外形奇特，这种鱼的觅食方式也很好玩，它们可以吹动海底的沙粒来寻找隐藏在沙子中的食物。

中国南海

这里的环境优美，我们觉得一直待在潜艇里就太可惜了。爷爷喜欢结识当地人，他安排我们住进了一个海上渔村。我们吃了一些美味的虾作为晚饭，并且与好客的村民进行了友好的交谈。虽然语言不通，但我们借助手势和图片向他们描述了我们的旅程。我们用一个软木瓶塞代表船只在地图上移动，讲述着每次停留时发生的故事。他们看起来最喜欢小德遭遇美洲豹的故事。

"下一站是哪里？"第二天早晨，妮可问道。爷爷在码头上来回走动，抓了抓胡子，又挠了挠头。小德一直在用爪子挠着耳朵。

"我们该把回家提上日程了，不过或许我们有时间去澳大利亚绕一圈。"爷爷希望实现自己的梦想——在澳大利亚见到在世界其他地方都找不到的某些动物。我们展开了地图，并估计了我们与袋鼠之间的距离——只有约5000千米。如果你曾迫切想看到某些东西，你应该了解那种心情：再遥远的距离都像近在咫尺。

在我们觉得有必要绕道之后，没有继续深入菲律宾。这里多样化的海底生命与我们此前见过的完全不同。甚至，我们在潜艇前方看到了一只真正的活的"南海牛"。在北极时，我还信誓旦旦地认为南海牛只是杜撰，现在却证实了我的少见多怪。我们目瞪口呆地盯着这只正在大口进食的动物。

除了外形奇特的南海牛，我们还在巴拉望岛见到了迷人的自然风光。我们停泊在一个连通海湾的地下河中。那里的沙质浅滩阻碍了潜艇继续前行。我们不得不换乘一艘小型救生艇，并开始划桨，因为这个迷宫的顶部长满了钟乳石，使用动力船快速航行太危险了。

儒艮是海牛目哺乳动物，它看起来就像一头吃草的牛，别称为"南海牛"。它似乎也与很多海上传说有关，例如经常利用歌声诱惑海员并让船只触礁的美人鱼或者海怪。不过，那或许是因为海员不习惯戴眼镜而产生的错觉。

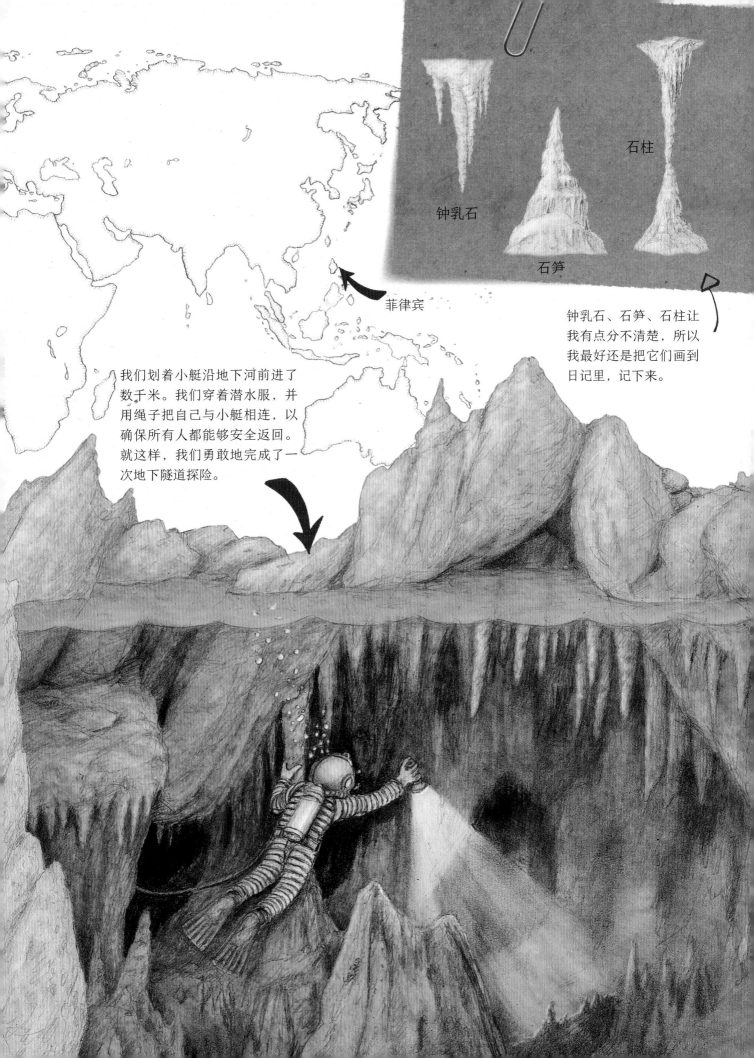

石柱

钟乳石

石笋

菲律宾

钟乳石、石笋、石柱让我有点分不清楚，所以我最好还是把它们画到日记里，记下来。

我们划着小艇沿地下河前进了数千米。我们穿着潜水服，并用绳子把自己与小艇相连，以确保所有人都能够安全返回。就这样，我们勇敢地完成了一次地下隧道探险。

神奇的伪装术

在苏禄海，我们见到了令人惊叹的图巴塔哈珊瑚礁。珊瑚礁形成了一种鲜艳多彩的重要的生态系统。这里生活着很多生物，有些鱼类喜欢充分展示自身的美丽，有些喜欢尽力隐藏自己并与背景融为一体。

我认为这是一种完美的伪装。它头顶的触角就和真的小蠕虫一样，可以像鱼饵一样吸引那些捕食蠕虫的鱼类。

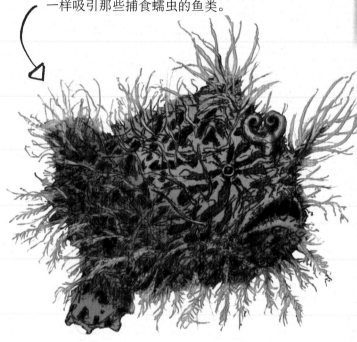

为了躲避捕食者，这条狡猾的章鱼可以利用触手或任何附近的材料建造庇护所，例如贝壳或者椰子壳，甚至一个空瓶子。

章鱼是真正的伪装大师，有些物种可以运用各类伪装技巧躲避敌人，包括改变颜色和皮肤结构。

这只斑马章鱼展现了迷惑敌人的最出色技巧。它们可以模仿其他生物——从外形到行为都惟妙惟肖。我们曾亲眼见证它从一条海蛇"变"成了一条有毒的鳐鱼。它们似乎可以模仿很多其他生物。

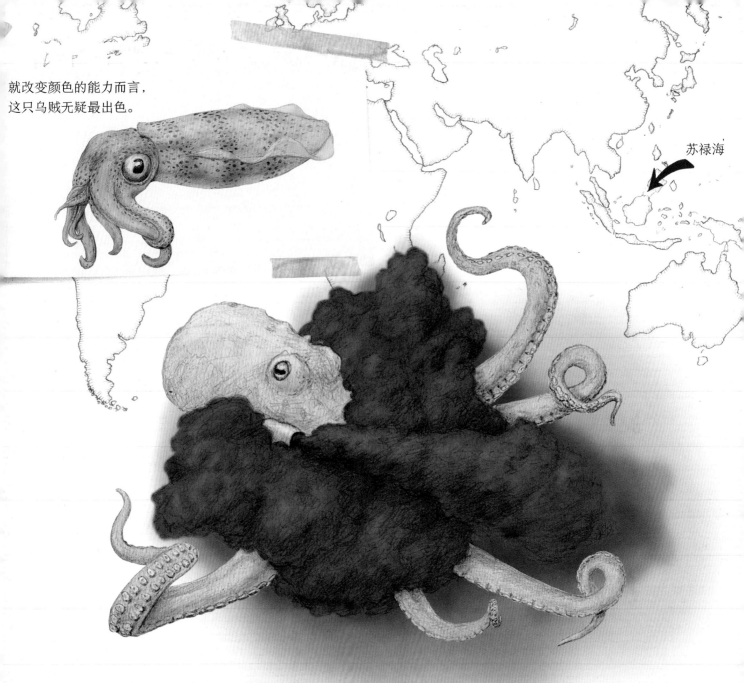

就改变颜色的能力而言，这只乌贼无疑最出色。

苏禄海

马丁决定近距离研究一条章鱼时，我们才发现章鱼可以通过改变身体颜色来表达情感。首先，它因为生气而变成了红色，就像看到我们乱扔乱丢东西的妮可一样。随着马丁的接近，它可能出于恐惧变成了白色，并朝着我们释放了一团黑色墨汁。

离开了苏禄海，我们一路向南航行，这是前往澳大利亚的最短航线。在澳大利亚附近，我们遇到了另一个"伪装冠军"。这是一只普通的螃蟹，它既不能改变身体形状，也不能改变颜色。但是，它们采用了更为简单的伪装方法——把遇到的各类珊瑚和其他奇特的物品放到背上，因此，当它们停下来时，它们能够与背景完美融合。

有一种更轻松、更简单的改变颜色的方法，那就是抓紧伪装材料。

珊瑚礁

珊瑚礁不仅仅是小型腔肠动物形成的一种结构，更是不可替代的生态系统。珊瑚礁的系统以生物多样性著称：虽然珊瑚礁所覆盖的面积仅占海洋表面积的不到百分之一，但多达25%的海洋物种生活在珊瑚礁中。

隆头鹦嘴鱼是一种体重可达50千克、长度可超过1米的大型鱼类。鹦嘴鱼可以啃食珊瑚，因为它们长着由坚硬的牙齿组成的"鸟喙"。

蓝刺尾鱼会根据心情而改变身体的颜色。

毒鲉

毒鲉看起来很丑，而且很危险，是现存毒性最强的鱼类之一。

马夫鱼

马夫鱼身体纤薄，似乎是一种十分挑食的鱼。然而，事实上这种鱼会吃它遇到的几乎所有食物。

爷爷给我们讲述了很多关于软体动物的知识。这只背着螺旋壳的软体动物不是双壳物种，而是一只腹足动物。

蹩鱼

外形奇特的蹩鱼可以行走，甚至能够借助胸鳍在沙质海床表面奔跑。

小丑鱼不怕海葵带刺的触角，能够与海葵形成共生关系：小丑鱼在海葵中安家，躲避捕食者的侵扰，而海葵则以小丑鱼的残羹剩饭为食。

袋鼠！

"不！不要！"在我们踏上澳大利亚海岸之后，爷爷又开始组装折叠探险车，于是我们齐声嚷道。那些装着发动机的箱子把冰岛的记忆带了回来，我们甚至感觉身上又开始疼了。不过，看到爷爷将折叠车和一个小型螺旋桨一同安装到充气船上时，我们冷静了下来。

我们沿着东鳄鱼河逆流而上，向内陆进发。河岸是茂密的红树林。妮可没忘了问这条河以鳄鱼为名的原因。答案不出所料——这条河有很多鳄鱼，当然还有青蛙和蛇。这可真令人印象深刻！

虽然外形与蝙蝠极其相似，但这是一只黑狐蝠。狐蝠的体形相当可观，翼展可达1米以上。

大自然剧院的表演在傍晚达到了高潮。太阳落向地平线，我们停在了河中的一个岩石岛上——这是附近最干燥的地方。我看见一只蝙蝠飞过我们的头顶，上方是红色的天空。

爷爷说："那是一只黑狐蝠。这里就是它们居住的……"他话还没有说完，我们头顶的天空就被成千上万只黑狐蝠遮住了，我简直不敢相信自己的眼睛。妮可小声说："狐蝠吃什么？"得到答案后，她立刻把船上早些时候采摘的诺丽果都扔了出去。

红树林植物是一些适应了潮湿海滨环境的小乔木，甚至能够生长在浅海中。它们具有探出水面的发达的支撑根，用于呼吸。

诺丽果的气味会吸引狐蝠，而狐蝠能够帮助植物广泛地传播种子。

澳大利亚

第二天早上，我们继续逆流而上。沿途遇见的各种水鸟让我们兴奋不已。我最喜欢长着扁平匙形喙的琵鹭。

我们到达了河的尽头，仍没有看到袋鼠，有点失望。我们下船继续步行，希望能在远离河流的干燥草原上实现愿望。

走了一个小时之后，我们终于远远地看见了一只袋鼠。然而，在我们靠近之前，它就躲到了岩石后面，从我们的视野中消失了。不过，就在袋鼠失踪的那个地方，我们发现了更出人意料的作品——澳大利亚原住民创作的奇妙图画，就在岩石表面，难道袋鼠是故意引我们过去的？！

琵鹭出生时就带着一把"勺子"，我真希望自己同样如此！琵鹭匙形喙的功能十分广泛，例如"搜刮"浅水区的泥质河床。

这里的岩画比著名的欧洲史前洞穴岩画，例如阿尔塔米拉洞穴岩画，还要古老得多。最古老的岩画是人类在4万多年前绘制的！

我们跟随的羚大袋鼠在岩石堆中失去了踪迹。

背带长绒鳚

澳大利亚的海底世界

澳大利亚周围存在着一个媲美非洲大陆的海底世界。大堡礁是全球最大的珊瑚礁群，也是生物体构成的最大单一结构。澳大利亚周围海域生活着丰富的动植物物种，包括各种鲸、海龟、海豚、鲨鱼和许多其他海洋生物。但是，我们没有足够的时间去探索整条海岸线，我只能按照爷爷的百科全书勾画了一些最有趣生物的素描。

珊瑚不仅仅是小型腔肠动物组成的种群，更形成了一个极其重要且丰富的生态系统。尽管珊瑚礁仅占全球海洋表面积的不足百分之一，但这里生活着25%的海洋动物。

澳大利亚

海星具有出色的身体再生的能力，甚至能够凭借单条腕再生整个身体。真的好神奇！

澳大利亚位于南半球，广阔的内陆几乎全部都是类似沙漠的戈壁，因此大多数澳大利亚城市都靠近海滨。澳大利亚的原住民属于半游牧民族，保留了一些传承千年的生活方式，他们适应了澳大利亚内陆的环境。

斑点尖鼻鲀鱼只吃珊瑚虫。我们警告妮可，说她如果继续如此挑食，她的嘴巴也会变成这样。

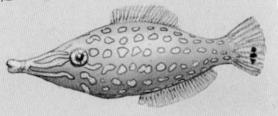

新月蝴蝶鱼

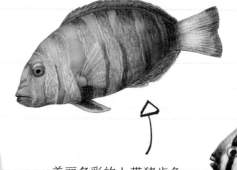

美丽多彩的七带猪齿鱼

短嘴格鱼

大堡礁

塔斯马尼亚岛

这种奇怪的生物属于海参纲。有些海参的防御方式十分特别，甚至有点令人恶心：受到攻击时，它们会排出部分黏糊糊的内部器官来"喂给"捕食者，然后趁机逃脱并再生这些器官。呃，这种逃生方式想想都让我不寒而栗！

这种神奇的生物几乎与漂浮的一簇海草一模一样，但它其实属于鱼类，是海马的近亲。

澳大利亚斑点水母对人类没有威胁，而有些水母则有可以致人死亡的毒素，例如在澳大利亚北部海域发现的澳大利亚箱水母——海黄蜂。

深海海床生活着大量的巨型海蜘蛛，你不会想去那里潜水的。

横带唇鱼

花乌贼属是乌贼目一个有趣的代表。

龙的传说

"为什么我们这么慢？"在被一条强壮且长着巨大背鳍的鱼毫不费力地赶超之后，妮可问道。我看了看仪表，发现潜艇其实一直都在全速前进，甚至达到了每小时60千米的最大速度。难以置信！那条鱼的游泳速度比我们快了近1倍，至少每小时100千米。

现在，我们已经踏上了回家的路。我们都心有不甘，所以我们发现某个有趣的地方之后总会找借口停下来。在科莫多岛附近，爷爷建议我们登陆去打猎，然后进行一次烧烤野餐。因为除了鱼以外，我们已经没有任何其他的食物了，长此以往我们耳朵后面肯定会长出鳞片的！这可能是爷爷在开玩笑，但趁其他人不注意，我还是摸了摸耳朵后面，确保我没有长出鳞片。

上岛之后，我们在灌木丛旁的一条小路上挖洞。爷爷解释说，我们将挖一个陷阱来捉野猪。他们派我去收集干树枝，以遮盖陷阱。于是，我回到了绿地与石质海岸交界的地方。

来到灌木丛边缘的时候，我透过树枝看到海湾里有一艘船，就立刻躲进了灌木丛中。我不知道为什么我会这样做，但这个明智的选择救了我的命。我躲藏在安全的地方，回头再次望向海湾，我发现我们遇到了海盗！我非常谨慎地往回爬，与爷爷会合并警告其他人。他们谁都不相信我，所以我们一起又回到了灌木丛边。那艘船仍然停在那儿，桅杆上悬挂着一面旗帜——可怕的海盗旗：黑底，还有手抓弯刀的标志，与太平洋深处那具尸体手臂上的标记完全相同。

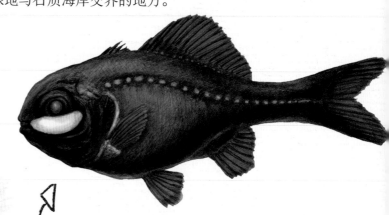

就像我想的那样，水下闪烁的光并不是来自亡灵的眼睛，而是来自这种鱼的眼睛，更准确地说，是来自生活在鱼眼睛下方鱼鳞中的发光细菌。

这条150千克重的蜥蜴显然无法依靠捕食苍蝇为生。尽管科莫多巨蜥多数情况下以腐肉为食，但它们显然具有捕杀野猪或鹿的本领。

太平洋旗鱼是鱼类中的游泳健将，最高游泳速度可以轻松超过每小时100千米。

科莫多岛

眼前的景象让我们肝胆俱寒，甚至无法用言语表达。直到现在，每次回想起来仍然让我后怕不已。海盗们从船上搬下来很多尸体，扔给了我从未见过的可怕生物。那些生物看起来有些像西方魔法世界的飞龙！

"Varanus komodoensis。"爷爷小声说道。起初，我以为他是在念咒语诅咒海盗，但后来才知道他所说的是这些巨大蜥蜴——科莫多巨蜥的拉丁文名。这些饥饿的动物几乎不咀嚼就将尸体吞下肚，真的非常可怕。

我们非常小心地返回了潜艇，爷爷问我们敢不敢跟随海盗并找到他们的老巢，当然我们也可以选择离开这里，安全地返回家乡。

"我们必须制止这种残酷的行为。这些坏蛋全都应该进监狱。"妮可坚决地说。她的话让我们倍感意外。爷爷点头表示同意。

科莫多巨蜥的唾液中生活着数十种细菌，只需一口就足以让猎物中毒，并因此死亡。

"我们待在潜艇中，保持安全距离，然后时刻监视着他们，"爷爷说，"我们具有速度上和隐蔽性上的优势。尽可能不要暴露自己，我们可以偷偷地跟在后面，找到他们的老巢。"

于是，我们悄悄来到了海盗船附近，等待它起锚踏上归程，但醉酒的水手似乎将起锚时间推迟到了第二天早上。透过潜望镜，我们看到那些宿醉的海盗们来来回回地在甲板上忙活些什么。他们全副武装。这一天晚上，我们谁都没有合过眼。尽管待在水下听不到声音，但与在原始森林的那个可怕的夜晚不同，我们时不时会看到奇怪的灯光点亮黑暗的海洋。

琵琶鱼岛

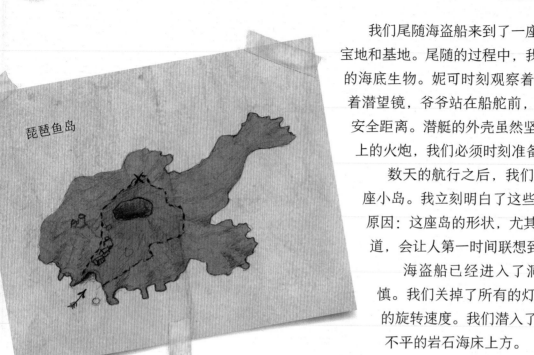

琵琶鱼岛

我们尾随海盗船来到了一座岛屿，这里是海盗们的藏宝地和基地。尾随的过程中，我们完全没有心思观察遇到的海底生物。妮可时刻观察着声呐，我和马丁则轮流盯着潜望镜，爷爷站在船舵前，确保我们与海盗船保持着安全距离。潜艇的外壳虽然坚固，但不足以抵御海盗船上的火炮，我们必须时刻准备着从海面消失。

数天的航行之后，我们终于在潜望镜中看到了一座小岛。我立刻明白了这些坏蛋以琵琶鱼作为标记的原因：这座岛的形状，尤其是连接海和火山内部的通道，会让人第一时间联想到琵琶鱼。

海盗船已经进入了洞穴，但我们必须保持谨慎。我们关掉了所有的灯，并尽可能调低了螺旋桨的旋转速度。我们潜入了黑暗的水下，就待在崎岖不平的岩石海床上方。

这座岛的中心是一座休眠的火山，火山在大爆炸中发生了坍塌。火山内部黑暗而可怕，这里的海水相对较浅。进入火山内部的通道两旁是石质平台，海盗在平台上建造了一个定居点，包括小屋和防御性的石墙，而且安放了许多门火炮。我们目光所及之处都摆满了火药桶。如果我们的潜艇在浅水区露出水面，我们无疑将成为众矢之的。现在，我们位于火山口的另一侧，我们必须穿上潜水服，从海底潜过去。

大爆炸之后岛上破碎的火山

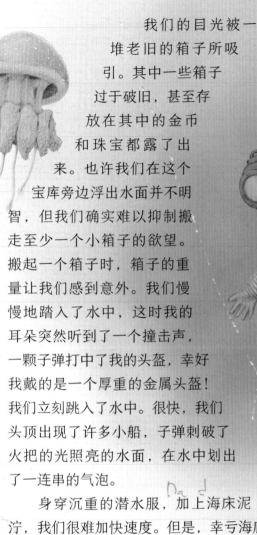

我们的目光被一
堆老旧的箱子所吸
引。其中一些箱子
过于破旧，甚至存
放在其中的金币
和珠宝都露了出
来。也许我们在这个
宝库旁边浮出水面并不明
智，但我们确实难以抑制搬
走至少一个小箱子的欲望。
搬起一个箱子时，箱子的重
量让我们感到意外。我们慢
慢地踏入了水中，这时我的
耳朵突然听到了一个撞击声，
一颗子弹打中了我的头盔，幸好
我戴的是一个厚重的金属头盔！
我们立刻跳入了水中。很快，我们
头顶出现了许多小船，子弹刺破了
火把的光照亮的水面，在水中划出
了一连串的气泡。

身穿沉重的潜水服，加上海床泥
泞，我们很难加快速度。但是，幸亏海底的泥浆让海
水变得浑浊，我们才得以逃脱。在浑浊海水的掩盖下，
我们从小船下方溜走了，安全回到了停泊的潜艇旁。

在我们走进压力舱的时候，我们头顶的海水突
然变亮了：大火正在肆虐。一股强压将我们推
进了潜艇。我们或许永远无法得知水面上刚刚
发生了什么，也许是追击我们的一名海盗点
燃或使用火把时过于粗心大意，引燃了火药
并引发了大规模爆炸。

受到爆炸的剧烈冲击，那座火山开始沉入大
海。我们在最后一刻驶出了洞穴通道，海盗宝库
也随之消失了，唯一幸存的就是我们拿走的
那个箱子。

爷爷说："我们可以用这些财宝为奶奶
买些东西。"当时，我们正在穿越印度洋
前往苏伊士运河，那是我们设定好的返
航路线。